是寶貝讓你傷心了嗎？

不管有沒有明天，都要學著撐過今天

圖・文／布魯珂・巴克　　譯／黃筱茵

暖心推薦

繼《是我讓你傷心了嗎？》說出自己的心聲之後，這次作者要帶你聽見不同動物寶寶的心裡話。淺嚐小知識的同時，我必須要說：「天啊！我太愛作者心裡的OS了！」

——小球（莊鵑瑛）歌手、自由創作者

當生物不再是考試內容的科目，想要推廣科普或是生態保育教育，不需要從分類開始介紹動物特性，只要簡單一句描述配上插圖，從有趣、生活化出發，自然能讓讀者們迫不r及待想翻到下一頁。《是寶貝讓你傷心了嗎？》正是一本兼具趣味與小知識的書。

因為動物和我們不同，卻又如此相似，許多動物對於自己演化出的生存方式也許不覺得遺憾，然而從人類角度來看，卻深覺「啊，這個不行啊～～」。不妨讀讀這本書，伴隨著嘴角上揚的同時認識不曾接觸過的動物們，就是關心牠們的最好開始吧！

——阿鏘的動物日常

有多久沒有遇見一本書，會讓你不自覺地一頁頁往下翻？讓你笑著、笑著就掉了眼淚？身為心理師，我遇過許多爸媽帶著孩子的問題來談話，有時候他們很生氣，有時候也難過落淚。「是什麼讓你如此傷心？」我心裡好奇著。人類一生與至親之間擁有親密卻也衝突的牽絆，有時候覺得被愛，有時候又令人窒息緊張。

　　那麼，在動物的世界裡，親子又是如何相處呢？翻開這本可愛而真摯的書，將會帶著你跨越生活中的負能量，重新找到愛與前進的動力！

——**胡展誥** 諮商心理師

　　你知道嗎？智人種有個壞毛病，他們喜歡用自己的觀點看其他物種。動物寶寶在我們眼裡和影片裡總是那麼可愛、可憐和萌萌噠，但牠們面對的是比我們社會還要殘酷的大自然。

　　當我們不再只以人類的角度去看世界時，會發現生活中那些我們自以為只有智人才有的糾結，能在自然中得到紓解。輕鬆詼諧的《是寶貝讓你傷心了嗎？》，不只能讓人長知識，更能從認識這些動物的行為中去開闊你的視野，讓狹隘的智人種思考out！

——**雷雅淇** PanSci 泛科學總編輯

這本書記錄了超過100種你我所不知道的動物爸媽與寶寶們的小知識，內容中幽默趣味又有點無厘頭的動物OS，有些令人會心一笑，有些令人覺得傷心，但也解釋了許多動物寶寶與爸媽令人無法理解的行為。就像我的育兒過程中，也有許多一般人無法理解的小知識，例如：「爸爸在哄睡過程中，通常會比小孩先睡著」、「10個男寶寶之中、有9個會故意聽不見爸媽的話」、「男人在成為爸爸之後，被另一半罵的機率會增高」等等。

　　身為一對雙胞胎男孩的爸爸，在看過這本書之後，如果再遇到小孩做出令我無法理解的行為時，也更能坦然面對了。而且自己養小孩過程中做出令旁人無法理解的行為時，應該也有更多藉口能來說服別人了！

　　　　　　　　　　　　　　　　──8元哥 手作插畫達人

人生中有些事情不知道不會怎樣，但知道了會很不一樣，就像這本書一到我手上，我就發現它很不一樣。現代人喜歡動物，喜歡短閱讀，又想短時間吸收知識，有什麼方法可以三種願望一次滿足？有！這本書給了我們這個答案！（眼神笑）

　　想想可以在跟朋友聊天時隨口說出：「哇！你們知道嗎？蝸牛交配後，兩隻都會懷孕歐！」「狗爸媽會吃掉自己生病的孩子歐！」媽啊！朋友圈瞬間覺得你超神、神到爆！瞬間覺得自己的層次和你不同，能和你聊天真是榮幸。

　　但通常他們不會說出口。因為他們只能用這樣的情緒來壓抑自己的無知，壓抑對你的崇拜！

　　看，知識就是這麼容易吸收取得！想吸收平常人不知道的動物冷知識嗎？想隨興又簡易的吸收知識嗎？讀這本書就對了！

　　——**微疼** 微不幸網漫家

獻給我侄子邁爾斯，
一個人類寶寶。

目錄

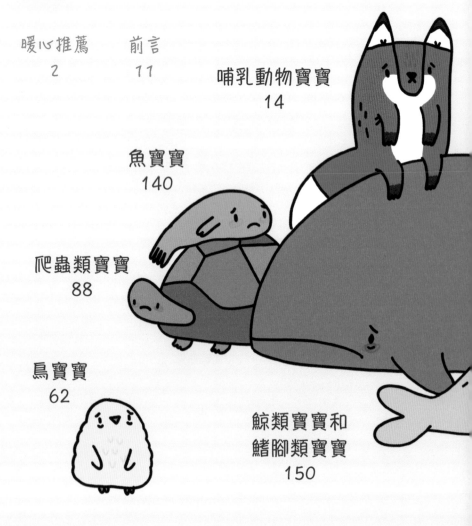

前言

　　冒著失去這本寶寶書作者可信度的風險，我想向大家承認，我不太記得自己寶寶時期的事了。事實上，就連一丁點也記不得。不過我確實有四個弟弟妹妹，在他們的人類童年時期，我一直坐在前排座位看著他們成長。

　　到了我兩個最小的妹妹茱兒和碧恩出生的時候，我們都有點失去耐心，便教她們手語。所以在她們還不會講話之前，我們已經有辦法和她們溝通了。她們的詞彙裡最重要的兩個詞是「餅乾」和「還要」。每天早晨，我妹妹碧恩都安靜地用「餅乾！」迎接我們。「還要更多餅乾。」茱兒會表示同意，開心地把手指推進手掌中。在我們家當個人類寶寶並不難啊。

　　虎紋蝶螈同樣來自大家庭，可是幼蟲並沒有學過手語。倘若學過，就會發現像是「同類相食」或「堅硬到足以壓碎骨頭的牙齒」這樣的詞彙最有用。我不認為我們教過妹妹們那些手語，DVD裡根本沒有。

　　一隻動物頭幾年的生活幾乎不可能會有餅乾，取而代之的，是每天令人欽佩的生存戰爭。

　　此刻，在安靜又滿是陽光的房間裡，人類的嬰兒正聆聽著寶寶莫札特音樂。

而同時，在加拉巴哥群島遙遠的海灘上，剛剛孵化的鬣蜥正在逃命，因為一群成年、快餓死的加拉巴哥捷蛇準備殺掉並吃掉任何會動的東西。小鬣蜥可能才剛孵化幾分鐘，但牠見到的第一張臉或許是飢腸轆轆的蛇。

　　在這個當下，世界上的另外某個地方，一位人類父親正在確保寶寶的廚房安全，他在抽屜加上小小的塑膠鎖，防止大人、小孩有機會拿到刀具。

　　同一時間，在一座滿是掠食者的黑暗森林中，一隻兔子媽媽把一窩新生寶寶單獨留下來一天。牠們的周圍基本上就像兔子的鬼屋，到處是狐狸、野狼、老鷹，還有惡劣的天氣。兔媽媽什麼都沒有留給寶寶，沒有任何保護，只有牠的祝福。

　　此刻，一位保母正在懇求一個人類寶寶再多吃一口紅蘿蔔泥。

　　而同一時間，貓鼬媽媽正悄悄爬進某條地道，快速吃掉牠對手的六個小孩。

　　動物寶寶們可能比成年動物更可愛，然而牠們也更軟綿綿、動作更

慢。在已經很艱困的動物生活中，牠們是相對輕鬆、容易下手的目標。所以，下次當你開開心心欣賞大貓熊寶寶打噴嚏的影片時，你會知道那隻大貓熊寶寶撐過了什麼樣的日子。下次你和某隻鳥爸爸媽媽眼神交會時，可以敬重地對牠們點頭致意。

　　身為動物寶寶，根本沒有什麼可愛的地方。當然啦，動物寶寶本身是很可愛沒錯。

哺乳動物寶寶

貓咪不認得自己的祖父母。

你是誰呀？
怎麼會認識
我媽媽？

狗爸媽會吃掉自己生病的孩子。

50% 的小豬是被自己的媽媽壓死的。

到 2 歲時，雄美洲豹寶寶已經比
雌美洲豹寶寶重 50%。

所有的食蟻獸都是獨生子。

剛出生的大象沒辦法控制自己的象鼻。

真希望那些點心
再靠近我一些。

避光鼠耳蝠爸媽飛行時，
寶寶會黏在牠們身上。

飛快一點！
我想要感覺到
毛髮間的風！

獾生下來前 6 週都不會睜開眼睛。

成年灌叢嬰猴的叫聲
聽起來就像人類寶寶哭泣的聲音。

大貓熊生下 2 個寶寶時，
只會選擇其中 1 隻扶養。

活下來的寶寶
就是我最愛的
寶寶。

松鼠會記得兄弟姊妹的氣味。

田鼠才 3 週大就開始繁衍後代。

我已經1個月大了，但是還沒有被親過耶。

河馬寶寶一出生就有 45 公斤重。

這只是嬰兒期
的體重啦。

胡狼爸媽會吐出食物，
看看牠們的孩子想不想吃。
如果孩子們沒興趣，
爸媽再把食物吃下去。

等等，裡面
有葡萄乾嗎？

兔子媽媽會避免在巢穴附近待太久，
免得孩子們的氣味像牠。

他們有我的耳朵
已經夠糟糕了。

大猩猩爸媽會和孩子一起睡在樹葉床上。

好好睡，別被葉子蟲咬了。

馬島麝貓才 8 天大，
就會幫爸媽覓食。

小馬出生幾個小時就開始學跑步。

紅毛猩猩媽媽從不把寶寶放下來。

只要 18 個月，2 隻老鼠和牠們的後代
就可以生出 100 萬個寶寶。

豪豬寶寶才出生幾小時，
身上的刺就會變得很尖銳。

雄普度鹿不會幫忙養育後代。

讓爸爸猜猜我
們的名字吧！

獅子要到 2 歲後才會發出吼叫聲。

從來沒有誰叫
我運用內在的
聲音欸。

鼩鼱寶寶害怕時會啃咬彼此的尾巴。

我覺得那樣
可能會留疤。

黑尾鹿對海豹寶寶的哭聲有反應。

馬來貘寶寶看起來很像西瓜。

我覺得是西瓜
看起來像我吧。

九帶犰狳總會生下
4隻看起來一模一樣的寶寶。

或是一隻36帶犰狳！
沒錯，我就是四胞胎
中喜歡數學的那個。

裸鼴鼠會讓比較重要的兄弟姊妹
踩在牠們身上通過。

如果駝鹿爸媽想要再生寶寶，
小駝鹿就必須離開爸媽。

你媽和我有好消息和壞消息要告訴你。

樹懶爸媽會教牠們的小孩
該待在哪棵樹上比較好。

媽媽對那棵
樹沒好感。

斑點鬣狗出生時，犬齒已經發育成熟。

她的咬功比叫聲厲害多了。

北極熊媽媽忙到孩子出生後 8 個月
都還沒時間進食。

黑熊永遠出生在冬季。

我的世界裡只有寒冷。

駱駝寶寶沒有駝峰。

新的葉猴首領上任的第一件事，
就是消滅所有的孩子。

西伯利亞虎媽媽
會銜著寶寶的脖子到處走。

水獺新生兒不知道怎麼游泳，
所以爸媽會把牠們拖進水中教。

你該慶幸自己
不是葉猴。

狐獴寶寶出生 3 週內，
都不會到地面上。

喂，我們沒
有曬痕耶。

鹿寶寶出生時沒有氣味，
這樣掠食者才聞不到牠們。

孩子就是應該看
得到、聞不到嘛。

青少年期的大象通常擁有
和媽媽相同的社會模式。

那部電影
都講不好聽
的話！

獵豹兄弟一輩子都待在一起，
獵豹姊妹卻會分道揚鑣。

鳥寶寶

鶯鷦鷯每天餵小孩吃 500 隻蜘蛛。

可是傑洛德的爸爸每天餵他吃600隻蜘蛛耶！

橡樹啄木鳥只有在資源充足時
才會幫助家人。

游隼的兄弟姊妹練習狩獵時，
會輪流當彼此的標靶。

火雞不需要交配就可以繁衍後代。

雄沙雉會把自己泡在水裡，
好讓小孩從牠的羽毛上喝水。

沒有父親的雛鳥，
永遠沒辦法學會好好歌唱。

紅鶴寶寶是灰色的，
大小就和網球差不多。

爸媽喜歡的是
我的個性。

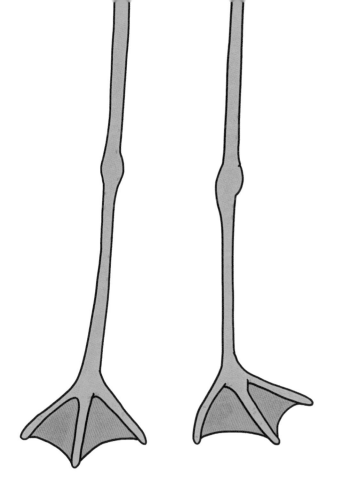

年輕的綠林戴勝鳥會對敵人噴大便。

鴿子爸媽在孵化幼雛後，
會把小孩藏起來 1 個月。

奇異鳥的蛋是雌鳥身體的四分之一大……
大到鳥媽媽連進食和呼吸都很困難。

哎呀，反正呼吸只不過是一種嗜好。

漂泊信天翁是所有鳥類當中
最慢學會飛行的。

雛鳥一孵化，
雌雪鴴就會離開牠們的伴侶。

我再打電話給你。

皇帝企鵝寶寶出生時，
並沒有晚禮服圖案的羽毛。

鴕鳥只要 6 個月就完全長大成熟。

說真的，我還記得小時候的感覺。

斑胸草雀媽媽在氣溫升高時
會對孩子們歌唱。

媽!那首歌
超糗的!

布穀鳥把蛋下在比牠們身形小很多的
鳥類的巢裡，這些鳥會幫牠們養育
巨無霸寶寶。

我爸媽
超小超
可愛的。

白腰金絲燕下 2 顆蛋的間隔時間，久到先出生的哥哥姊姊足以孵育弟弟妹妹。

牛背鷺寶寶會在爸媽不注意時
殺掉彼此。

啄羊鸚鵡通常自己玩。

小吸蜜蜂鳥的鳥巢比核桃殼還小。

海鳩會在靠海的懸崖邊產下一顆蛋。

如果寶寶活下來，就有很棒的視野。

爬蟲類寶寶

新生的科莫多龍會爬到樹上，
這樣爸媽就沒辦法抓到牠們，
把牠們吃掉。

新墨西哥鞭尾蜥只會生下雌性後代。所有的小蜥蜴都和媽媽長得一模一樣。

我媽媽說她希望將來有一天，我也有個和我長得一樣的女兒。

短吻鱷一出生
就有一顆特別長的牙齒。

你必須戴
牙套了。

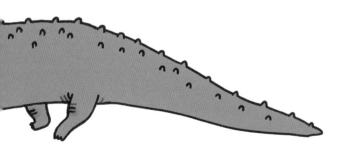

太攀蛇的毒液足以讓一個成人致命。
但牠的嘴巴小到連一隻老鼠都咬不了。

剛出生的海龜靠月亮抵達水邊。

不管是哪種龜，都不會養育幼兒。

我都講床邊故事給自己聽耶。

鱷魚媽媽會小心翼翼的把孩子銜在嘴裡。

兩生動物寶寶

蝌蚪出生時沒有腿。

黑真螈只能活 10 年，
但懷孕期長達 3 年。

雄達爾文蛙會用嘴巴孵蛋。

小巴拿馬金蛙用皮膚上的有毒分泌物
來保護自己。

在擁擠環境中長大的虎斑蠑螈
會發展出很大的下顎，
這樣才能吃掉自己的兄弟姊妹。

什麼？我嗎？沒有耶，我沒有認真在做下巴運動，為什麼問這個？

負子蟾會吸收牠們的卵埋進背部皮膚裡，
直到卵孵化為止。

還好我習慣
側睡。

墨西哥鈍口螈永遠不會長大。

小蚓螈會用牙齒
在媽媽皮膚上找東西吃。

昆蟲寶寶
和
無脊椎動物寶寶

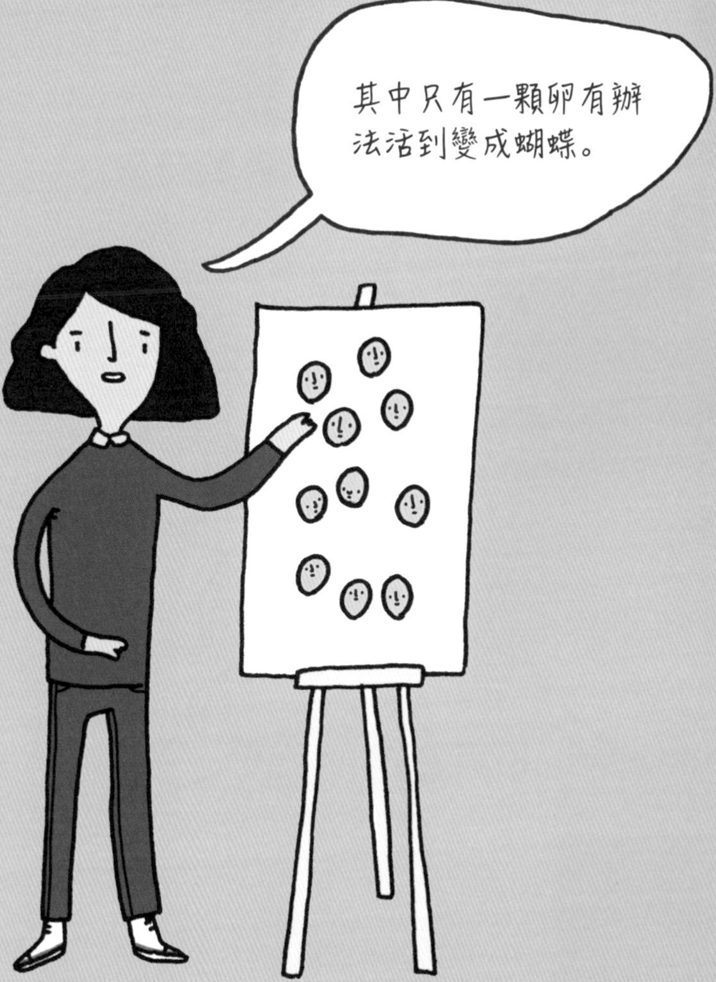
其中只有一顆卵有辦法活到變成蝴蝶。

蠼螋只照顧聞起來最香的寶寶。

隱翅蟲會混進螞蟻兵團的社群，
然後吃掉小螞蟻。

嗨，朋友們！
我們螞蟻們一
起做螞蟻的事，
很棒吧？

蚜蟲每 20 分鐘
就可以生出和自己完全一模一樣的一隻。

猛暗蛛孵化後會吃掉自己的媽媽。

蜜蜂出生後做的第一件事，
就是打掃自己出生的地方。

金環蜻蜓 5 歲前都在淺水區的地底生活。

瓢蟲卵只不過是又小又無助的小點點。

小瓢蟲幼蟲全身長滿了刺。

然後，瓢蟲在變成蛹的階段，
會長出一層厚厚的、看似氣泡的皮膚。

瓢蟲 4 週後就完全長大成熟。

金蛛會把卵產在蜘蛛網上，
然後把卵留在那裡。

蜘蛛網是我第一個、
也是唯一的生日禮物。

2 隻蝸牛交配後，2 隻都會懷孕。

準備當爸媽的美國埋葬蟲
會把巢築在死鳥或死老鼠附近。

章魚爸媽會抱緊小孩，
好幫牠們清潔身體。

黑寡婦蜘蛛會餵寶寶吃牠們嘴裡的液體。

我已經準備
好要吃固體
食物了。

小海星無法控制自己
要游去哪個方向。

有袋動物寶寶
（牠們也是哺乳類喔）

剛出生的無尾熊寶寶
和雷根糖的大小差不多。

袋獾一次會生 50 隻左右的寶寶，
牠們會在媽媽的育兒袋裡打架，
直到只剩下幾隻存活的寶寶為止。

你們再打架，
我就要把育兒
袋倒過來。

袋鼠媽媽得將育兒袋裡的大便清出來。

針鼴開始長刺時，
媽媽會把牠安置在地洞裡，
一週只去探望一、兩次，餵牠吃東西。

我要你好好
想想自己做
了什麼。

鴨嘴獸是少數會下蛋的哺乳動物之一。

南美水負鼠把寶寶們
放在防水育兒袋裡一起游泳。

袋食蟻獸沒有育兒袋，
可是牠們的腹部長了特別的毛髮，
可以保護寶寶的安全，
並讓牠們保持溫暖。

蜜袋貂剛出生時，
體重比蛋糕上的巧克力碎屑還輕。

我覺得她的眼睛很像我。

魚寶寶

鬥魚寶寶由爸爸照顧，
因為媽媽會想辦法吃掉牠們。

鯛魚的個性很容易被同類影響。

虎鯊會把卵產在海裡，
然後就丟下不管了。

七彩神仙魚的爸媽會餵小孩吃一種
由自己皮膚分泌出的黏液。

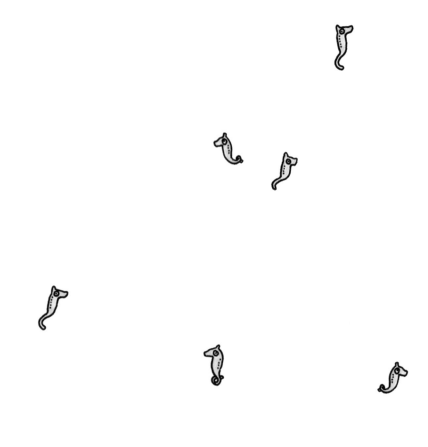

只要一波強勁海流，
就會把海馬寶寶沖走。

鮭魚永遠會回到自己出生的地方。

我只是希望我的卵和我在同樣地方長大嘛。

法國神仙魚從不落單。

鯨類寶寶
和
鰭腳類寶寶

抹香鯨會輪流當保母。

海牛寶寶在水面下
從媽媽鰭肢底下的乳頭喝奶。

虎鯨寶寶剛出生的幾個月內都不必睡覺。

海豚寶寶的牙齒是設計來打架，
不是用來咀嚼食物。

海獅寶寶用沙子當防曬油。

小海象會拿死掉的小鳥來玩。

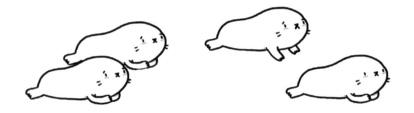

豎琴海豹媽媽能憑氣味從一群小海豹中
認出自己的寶寶。

你怎麼知道
是我呢？

領航鯨出生時有毛髮，
但幾天後就脫落了。

附錄

（原來真相是這樣）

哺乳動物寶寶

Cat（第17頁）
貓咪不認得自己的祖父母。家貓的成員不常團圓。不過就連隨時可以再見到自己大家庭成員的街貓，如果小時候就和祖父母分開，也很快就會忘掉牠們。街貓頂多只會注意到祖父母的氣味與自己的家族成員很類似。

Dog（第18頁）
狗爸媽會吃掉自己生病的孩子。大部分的人類都同意，小狗是全世界最可愛的了，就連生病的小狗也不例外。不過，對飢腸轆轆的狗爸媽來說，生病的小狗看起來就像優質蛋白質與其他營養成分的來源。

Piglet（第19頁）
50%的小豬是被自己的媽媽壓死的。雖然豬寶寶被壓死的事件時有所聞，並非所有的豬爸媽都是會壓死寶寶的類型。挪威農業大學研究者研究豬家庭的錄影片段，把豬媽媽分成「壓死寶寶型」和「不會壓死寶寶型」。「不會壓死寶寶型」的豬媽媽會比較快回應孩子的需求，離開家庭成員時會比較焦慮，也不會因為躺下來不小心輾過豬寶寶而壓死任何一個孩子；「壓死寶寶型」的豬媽媽照顧寶寶比較漫不經心。

Jaguar（第20頁）
到2歲時，雄美洲豹寶寶已經比雌美洲豹寶寶重50%。美洲豹一胎會產下1到4個寶寶，小寶寶出生時雙眼看不見，非常脆弱無助。小美洲豹的重量只有不到1公斤，前兩年的歲月都用來跟媽媽學習狩獵技巧。成年美洲豹的重量約45至90公斤。

Anteater（第21頁）

所有的食蟻獸都是獨生子。食蟻獸爸媽會把孩子揹在背上，直到孩子1歲大為止。每隻食蟻獸的背部大小只夠揹一隻寶寶。

Elephant（第22頁）

剛出生的大象無法控制自己的象鼻。要學會使用象鼻這麼複雜的身體部位並不簡單，因為象鼻是由超過5萬束不同的肌肉所組成。象寶寶會練習用象鼻碰觸象群成員、伸長搆到樹木，或者摸索自己的嘴巴。

Little brown bat（第23頁）

避光鼠耳蝠爸媽飛行時，寶寶會黏在牠們身上。小避光鼠耳蝠寶寶出生時的重量相當於美元一分錢的重量。爸媽在午夜外出搜尋食物時，小寶寶會黏在牠們身上。

Badger（第24頁）

獾生下來前6週都不會睜開眼睛。獾寶寶住在地底洞穴裡，牠們就連長得較大之後，視力還是不好。

Bush baby（第25頁）

成年灌叢嬰猴的叫聲聽起來就像人類寶寶哭泣的聲音。灌叢嬰猴是夜行性動物，叫聲相當詭異，很像半夜時人類寶寶在森林裡尖叫。牠們也會發出嘎嘎叫、吹口哨以及咂舌的聲音，那些聲音聽起來比較不像嬰兒發出的聲音。

Panda（第26頁）

大貓熊生下2個寶寶時，只會選擇其中1隻扶養。扶養新生的貓熊寶寶是一件迷人但困難的工作。貓熊寶寶幾乎完全沒有自己生

活的能力。在成年貓熊每天需要吃60公斤的竹子才能存活的狀況下，貓熊媽媽根本沒有多餘的時間。貓熊媽媽沒有足夠乳汁或能量照顧兩個寶寶，所以會快速的選出較強壯的一個來養育，而且不可能後悔。

Squirrel（第27頁）

松鼠會記得兄弟姊妹的氣味。科學家吉兒‧馬提歐（Jill Mateo）將各種松鼠的獨特氣味抹到塑膠管上，然後把這些有味道的管子放在地洞附近。松鼠們經過聞起來像兄弟姊妹味道的管子時，會快速且泰然自若的往目的地前進；牠們會花較多時間研究那些自己所不認得氣味的管子。而讓馬提歐最感興趣的是，金背松鼠（Golden-mantled ground squirrel）認得自己手足的味道，牠們通常會忽略那些惹上麻煩的家族成員。

Vole（第28頁）

田鼠才3週大就開始繁衍後代。一般來說，田鼠一年會生3個寶寶，大約在3月到10月之間。

Hippo（第29頁）

河馬寶寶一出生就有45公斤重。成年河馬的體重可達1800公斤。「Hippopotamus」這個字的意思是「河馬」；這與牠們的體重無關，我只是覺得「河（裡的）馬」實在很有趣。

Jackal（第30頁）

胡狼爸媽會吐出食物，看看牠們的孩子想不想吃。如果孩子們沒興趣，爸媽再把食物吃下去。胡狼爸媽會到處搜尋腐肉並吃掉，然後安全的把餐點裝在胃裡帶回家，再反芻吐出來，看看牠們的孩子是否想吃。接下來，牠們再開心吃掉剩餘的食物。不過，胡

狼寶寶拒吃的通常不是麵包皮或花椰菜，而是預先消化的斑馬或羚羊的殘骸。

Rabbit（第31頁）

兔子媽媽會避免在巢穴附近待太久，免得孩子們的氣味像牠。小小的新生兔寶寶是沒有味道的，這可以讓牠們避開掠食者。為了保護牠們的安全，兔媽媽一天只會去看孩子們一次，快速的餵食10隻兔寶寶。她會忽略所有抱抱或多講一個故事的要求，絕不會待超過2分鐘。

Gorilla（第32頁）

大猩猩爸媽會和孩子一起睡在樹葉床上。鳥類和爬蟲類不是唯一會築巢的動物，不過大猩猩是藉由觀察爸媽與社群學會築巢，而不是天生就會。

Striped civet（第33頁）

馬島麝貓才8天大，就會幫爸媽覓食。大部分的肉食動物在幾週大後開始捕獵、行走，甚至看見東西，可是麝貓才8天大，就開始幫忙爸媽尋找芒果、昆蟲以及其他能吃的東西了。

Foal（第34頁）

小馬出生幾個小時就開始學跑步。剛出生的馬從來不浪費任何時間。大部分的小馬才剛出生15分鐘就會嘗試站立，而且很快就能走路，還會歪歪斜斜的奔跑。

Orangutan（第35頁）

紅毛猩猩媽媽從不把寶寶放下來。紅毛猩猩媽媽總是帶著牠們的寶寶，而且照顧牠們長達8年以上。

Rat（第36頁）

只要18個月，2隻老鼠和牠們的後代就可以生出100萬個寶寶。
鼠媽媽一年可以生下超過50隻老鼠（多虧牠們一年有辦法懷孕7
次，每次能產下8隻寶寶），而這些寶寶中有一半在4個月時又能
開始產下自己的寶寶。如果覺得100萬隻老鼠寶寶聽起來有點噁
心，就把牠們想成長得像老鼠的小狗，這樣聽起來可愛一點。

Porcupine（第38頁）
豪豬寶寶才出生幾小時，身上的刺就會變得很尖銳。豪豬身上的
刺超過3萬根。剛出生的豪豬寶寶身上的刺還是軟的，不過這種
情況不會持續太久。

Pudús（第39頁）

雄普度鹿不會幫忙養育後代。普度鹿會以之字形奔跑來躲避掠食
者，嗅聞空氣以找出食物所在的方向，也會跳躍和短跑衝刺，可
是雄普度鹿不會幫忙育兒。

Lion（第40頁）
獅子要到2歲後才會發出吼叫聲。小獅子一生下來就會發出聲
音，有些幼獅甚至在媽媽的生產過程中就會出聲，但這些聲音都
不是吼聲。事實上，幼獅有一年左右的時間都是發出喵喵叫的聲
音，直到牠們開始模仿自己喜愛的成年獅子為止。到2歲時，牠
們已經很會吼叫了。獅子的吼叫聲可以傳8公里遠，用來保護自
己的孩子與領地。

Shrew（第41頁）
鼩鼱寶寶害怕時會啃咬彼此的尾巴。小小的歐洲鼩鼱兄弟姊妹察
覺到危險時，會排成一條線，往一致的方向前進以保持安全。隊

伍裡的每個兄弟姊妹都會咬住前方手足的尾巴。

Mule deer（第42頁）

黑尾鹿對海豹寶寶的哭聲有反應。對人類耳朵來說，所有動物寶寶的哭聲聽起來都很像，但動物們自己聽起來可不一樣，對嗎？不，就連動物們聽起來也差不多。溫尼伯大學生物學家蘇珊·令格（Susan Lingle）錄下各種新生哺乳動物寶寶的叫聲，然後在加拿大的草原地區用隱藏式喇叭播放這支悲傷的動物混音帶，結果聽見呼叫聲的黑尾鹿很快的轉向聲源想要幫忙，不論聲音是鹿寶寶、海豹寶寶、貓寶寶或甚至是人類寶寶的聲音。當研究人員用喇叭播放的不是嬰兒聲音時，鹿便沒有回應。

Malayan tapir（第43頁）

馬來貘寶寶看起來很像西瓜。成年的馬來貘是黑色的，身體中央有一道白色條紋，但小馬來貘則像西瓜那樣長著許多條紋，直到1歲大時條紋才會消失。我成長的地方附近動物園有隻馬來貘，幾年前牠生了寶寶，我很興奮的想回家去看馬來貘寶寶。我們去動物園的那天是星期三，沒想到正好是動物寶寶們的休息日。等到我再度拜訪動物園時，馬來貘寶寶已經長大了。這件事很讓人難過，一方面是因為我無緣見到馬來貘寶寶，另一方面也說明了我有多麼不常探望自己的家人。

Nine-banded armadillos（第44頁）

九帶犰狳總會生下4隻看起來一模一樣的寶寶。犰狳的受精卵會分裂成4個，意思是每隻犰狳寶寶都是同卵四胞胎。如果母犰狳沒有準備好要產下同卵四胞胎，牠可以延遲自己懷孕的時間。犰狳懷孕的理想時間是11月，媽媽們可以保留胚胎長達4個月。這樣一來，不論何時交配，都可以在11月懷孕，隔年3月產下寶

寶。喜歡數學的犰狳或許有興趣知道：並不是所有的九帶犰狳身上都有9道環紋；事實上，牠們身上的環紋從7到11道不等。

Naked mole rat（第45頁）

裸鼴鼠會讓比較重要的兄弟姊妹踩在牠們身上通過。裸鼴鼠家庭住在黑漆漆的隧道裡，寬度只足以讓一隻鼴鼠好好通過。而且每一隻鼴鼠的地位並不平等，牠們的家族有複雜的階級制度，有些家族成員的工作遠較其他成員受到尊敬。如果兩個兄弟姊妹遇見彼此，地位較低的兄弟姊妹會躺在隧道的地面，讓階級較高的兄弟姊妹踩在牠身上，繼續前往牠們要去的重要地方。

Moose（第46頁）

如果駝鹿爸媽想要再生寶寶，小駝鹿就必須離開爸媽。駝鹿媽媽每年都會產下一個後代。一年到了，牠們會懷一隻新的駝鹿寶寶，然後一直等到預產期的前幾天，再把一歲大的兒子或女兒踢出去。克利斯‧韓德馬克（Kris Hundertmark），阿拉斯加的野生生態研究學家，每年都看到這種模式一再出現，他說小駝鹿不曉得發生了什麼事，不想要離開。有時候年紀較長的駝鹿小孩會偷偷摸摸的尾隨，保持一段讓人難過的安全距離，繼續跟著自己的媽媽和弟妹。

Sloth（第48頁）

樹懶爸媽會教牠們的小孩該待在哪棵樹上比較好。樹懶寶寶第一年都跟著媽媽，記住媽媽最愛牠們所在區域範圍內的樹。等小樹懶成年，牠們會常常造訪媽媽常去的同樣那些樹木，然後每隔幾天再到另一種牠們最喜歡的樹上。

Spotted hyena（第49頁）
斑點鬣狗出生時，**犬齒已經發育成熟**。斑點鬣狗從一出生就很凶暴；小斑點鬣狗會攻擊任何和牠的兄弟姊妹差不多大小的物體，甚至試圖攻擊自己即將離開胎囊的兄弟姊妹。

Polar bear（第50頁）
北極熊媽媽忙到孩子出生後8個月都還沒時間進食。懷孕的北極熊會挖一個雪洞，然後開始進食，儲存體內的食物，有時在這個過程中會增加約90公斤的體重。因為寶寶出生後需要許多照顧，到時候媽媽會太忙而沒有時間進食。

Black bear（第52頁）
黑熊永遠出生在冬季。準確的說，是1月。

Camel（第53頁）
駱駝寶寶沒有駝峰。雙峰駱駝有兩個駝峰，單峰駱駝只有一個駝峰，可是所有的駱駝寶寶都沒有駝峰。應該長駝峰的位置，只有一塊可憐兮兮的捲毛而已。關於駱駝到底什麼時候才會長出駝峰，並沒有多少公開的數據，所以我打電話到卡美崙美凱利農場（Kamelenmelkerij Smits），這是一座位於荷蘭鄉間、離我家幾小時車程遠的駱駝農場，跟琳達通了話。她也不確定確切的時間，不過她們農場裡大部分的駱駝大多是出生後1週左右長出駝峰。

Langur（第54頁）
新的葉猴首領上任的第一件事，就是消滅所有的孩子。美國科學家莎拉・爾蒂（Sarah Hrdy）在1970年代初期於印度研究長尾葉猴時，發現了這個事實。新首領取得權力後會快速殺掉所有小寶寶，這樣下一代的葉猴就會是牠的小孩，而非前任首領的後代。

在爾蒂的發現之後，研究者也在其他哺乳動物身上觀察到同樣令人難過的行為模式，還有魚類和昆蟲也是。

Siberian tiger（第55頁）
西伯利亞虎媽媽會用脖子帶著寶寶到處走。老虎媽媽會把寶寶們安置在一處，在牠們剛出生的前兩週內都會仔細看顧，甚至不會離開去獵食。如果需要把牠們移到新地點，牠會很小心的咬著牠們的脖子，把牠們叼到那裡去。

River otter（第56頁）
水獺新生兒不知道怎麼游泳，所以爸媽會把牠們拖進水中教。水獺出生時閉著眼睛，既無助又弄不清楚狀況。幾週大的時候，爸媽會把牠們推進水裡，幫牠們上游泳課。水獺有浮力，可以漂在水上，於是牠們的爸媽會從底下撐著牠們，讓牠們保持那樣的姿勢。

Meerkat（第57頁）
狐獴寶寶出生3週內，都不會到地面上。狐獴寶寶沒有毛，而且出生前2週不會張開眼睛，所以年紀較大的狐獴會輪流照顧寶寶群，直到牠們大到可以上去地面為止。

Deer（第58頁）
鹿寶寶出生時沒有氣味，這樣掠食者才聞不到牠們。沒有味道是鹿寶寶的超能力，讓牠們得以保持安全，躲在充滿掠食者的森林裡。當牠們無氣味、安靜無聲的躺在森林地面上的巢穴時，身上的白色斑點有助於牠們融入環境。

Elephant（第59頁）
青少年期的大象通常擁有和媽媽相同的社會模式。大象的社群通常由約略30多歲的強壯母象領導。不過，肯亞桑布拉國家保育區的席法拉・古騰堡（Shifra Goldenberg）和其他研究者發現了一群可憐又有趣的年輕大象，牠們的父母都被盜獵者殺害了。在原本的領導者不見的狀況下，這個社群由一隻青少年母象領導，牠是之前領導者的女兒。研究者發現，外向又受歡迎的大象的女兒也會變得外向且受歡迎，而比較安靜的大象的女兒則較不與其他大象來往，就像自己的媽媽一樣。

Cheetah（第60頁）
獵豹兄弟一輩子都待在一起，獵豹姊妹卻會分道揚鑣。獵豹的兄弟姊妹會一起打獵一陣子，然後姊妹們就會分道揚鑣，分別去尋找新朋友。

鳥寶寶

House wren（第64頁）
鷦鷯每天餵小孩吃500隻蜘蛛。鷦鷯寶寶的童年裡充滿了蜘蛛。牠們的爸媽會把蜘蛛的卵囊築入鳥巢裡，這樣鳥寶寶孵化時，蜘蛛寶寶也孵化了。一張床上有好幾百隻小蜘蛛寶寶可是會讓我作惡夢呀，不過至少這樣比較不會有寄生蟲啦。

Acron woopecker（第65頁）
橡樹啄木鳥只有在資源充足時才會幫助家人。要養大一隻橡樹啄木鳥並不容易，阿姨、嬸嬸、叔叔、舅舅和祖父母都需要幫忙。科學家原本以為這種鳥類會在生活艱困時彼此幫助，可是研究者最近發現，其實真實狀況是相反的：大家庭的成員只有在生活順

遂、資源很多時，才會互相幫忙。

Peregine falcon（第66頁）
游隼的兄弟姊妹練習狩獵時，會輪流當彼此的標靶。游隼兄弟姊妹以每小時160公里的速度從高空衝向彼此。所有的練習有助於牠們長大一點後，在半空中捕捉到其他鳥類。

Turkey（第67頁）
火雞不需要交配就可以繁衍後代。不需要交配就能繁衍後代的狀況，叫做「單性生殖」（parthenogenesis）。動物可以用自己的DNA生下寶寶，有時候DNA會有不同的混雜方式。單性生殖有時候也會在某隻動物壓力很大的狀況下發生。

Sandgrouse（第68頁）
雄沙雞會把自己泡在水裡，好讓小孩從牠的羽毛上喝水。沙雞家庭居住在乾燥的環境中，小沙雞永遠覺得口渴。沙雞爸爸會飛行30公里遠，只為了找到一座淺水池。牠會把自己泡在水裡、搖晃身體，好讓身上盡可能浸到最多水分，甚至連腿邊螺旋狀的羽毛都吸收到水分。然後牠會飛回家，身上大約帶著約兩茶匙的水，牠的小孩便從牠的羽毛上喝水。

Bird（第69頁）
沒有父親的雛鳥，永遠沒辦法學會好好歌唱。鳥爸爸會教自己的小孩唱重要的歌，而沒有爸爸的雛鳥，就算長大也還是沒辦法真的學會那支曲調。

Flamingo（第70頁）
紅鶴寶寶是灰色的，大小就和網球差不多。毛茸茸又沒有顏色的

小紅鶴寶寶出生第一週，都是在鳥巢裡度過。

Green wood hoopoe（第72頁）
年輕的綠林戴勝鳥會對敵人噴大便。成鳥能噴出味道很可怕的化學物質，可是小鳥會從自己與生俱來的配備開始。

Pigeon（第73頁）
鴿子爸媽在孵化幼雛後，會把小孩藏起來1個月。把毫無防衛能力的小鳥寶寶當成祕密，可以讓牠們不受掠食者的威脅。

Kiwi（第74頁）
奇異鳥的蛋有雌鳥身體的四分之一大……大到鳥媽媽連進食與呼吸都很困難。奇異鳥的大小和雞差不多，可是牠的蛋卻是雞蛋的

10倍大。「為什麼？」你問。（奇異鳥自己可能也想問同樣的問題。）一個早期的理論認為，從前的奇異鳥比現在的奇異鳥要大得多，比較接近鴯鶓的大小，不過牠們逐漸進化成目前的體型，只是蛋的大小仍和鴯鶓的蛋一樣大。到2010年，這個理論已經被大大駁斥，因為人們發現奇異鳥的近親其實是另一種地鳥。不管理由為何，巨大的蛋就意謂著蛋黃很巨大，也就是說，奇異鳥寶寶一出生，就準備好要開始用跑步的方式遠離掠食者了。

Wandering albatross（第75頁）
漂泊信天翁是所有鳥類當中最慢學會飛行的。漂泊信天翁的翅膀張開總長3公尺，是所有鳥類中最長的，就連鴕鳥也比不上。巨大的翅膀讓牠們有辦法不必拍翅就飛行好幾個小時，只是牠們需要花上10個月的時間學習如何使用翅膀。

Snowy plover（第77頁）

雛鳥一孵化，雌雪鴴就會離開牠們的伴侶。雪鴴媽媽會離開新生寶寶，開始經營另一個新家庭，雪鴴爸爸則留下來獨自照顧孩子們。等寶寶們長大，雪鴴爸爸會去尋找新伴侶，說不定這個對象也才剛把自己新生的寶寶留在某個地方呢。

Emperor penguin（第78頁）

皇帝企鵝寶寶出生時，並沒有晚禮服圖案的羽毛。牠們的黑白色彩要到後來才會出現，小時候身上只有單調乏味的灰色羽毛。

Ostrich（第79頁）

鴕鳥只要6個月就完全長大成熟。鴕鳥寶寶的大小和雞差不多，可是只要6個月後，牠們就會長到接近2公尺高。

Zebra finch（第80頁）

斑胸草雀媽媽在氣溫升高時，會對孩子們歌唱。如果氣溫上升，感覺即將到來的夏季會特別炎熱，斑胸草雀媽媽會等到自己和牠的蛋獨處時，唱一首速度很快、音調很高的曲子。聽到曲子的小鳥們會做好準備，長得比較慢一點。身體小小的比較容易保持涼爽。還有一種可能就是，在出生前聽到這首特別的曲子，會讓幼鳥們的身體改變對熱的反應。

Cuckoo（第81頁）

布穀鳥把蛋下在比牠們身形小很多的鳥類的巢裡，這些鳥會幫牠們養育巨無霸寶寶。布穀鳥會找林岩鷚（dunnock）這種又小又好騙的鳥來幫牠們養育小孩。布穀鳥爸爸或媽媽會尋找林岩鷚的鳥巢，丟掉巢裡的一顆蛋，然後用自己的某顆蛋來取代。兩種蛋看起來一點也不像，只是小小的新手爸媽似乎沒有注意到。等布

穀鳥的蛋孵化，這個闖入者要大得多了，成長速度也比牠的新兄弟姊妹要快。他們通常會殺掉其他小鳥，而且長得比辛苦工作、餵食飢餓的巨無霸寶寶的林岩鷚爸媽還要大。

White-rumped swiftlet（第82頁）

白腰金絲燕下2顆蛋的間隔時間，久到先出生的哥哥姊姊足以孵育弟弟妹妹。這種鳥類會先下1顆蛋，然後等5天再下1顆蛋，這樣第一隻小鳥就會準備好去孵第二顆蛋。金絲燕寶寶有一半的死亡率是因為從鳥巢摔落所造成，所以或許只比你大5天的哥哥姊姊不會是最好的保母。

Cattle egret（第83頁）

牛背鷺寶寶會在爸媽不注意時殺掉彼此。牛背鷺會下2到4顆蛋，整群小鳥相處得很好，並且公平分享食物與資源。可是有一天，事情不再那麼美好，其中一隻牛背鷺終於長得夠強壯，把牠的兄弟姊妹通通推出鳥巢。剩下來的小鳥得到所有的食物，也不再需要和手足們競爭父母的關注。

Kea（第84頁）

啄羊鸚鵡通常自己玩。這種鳥類會用自己的鳥喙或腳來丟東西。

Vervain hummingbird（第86頁）

小吸蜜蜂鳥的鳥巢比核桃殼還小。成年小吸蜜蜂鳥的身長約6公分，重量和一便士（約9公克）差不多。蛋長不到3公分，寬度和你的小指頭差不多。牠們實際上是全世界第二小的鳥類，最小的是吸蜜蜂鳥（bee hummingbird），不過牠們已經得到夠多關心了，這樣可能會被沖昏頭，所以這項事實的主角是小吸蜜蜂鳥。

Guillemot（第87頁）

海鳩會在靠海的懸崖邊產下一顆蛋。這些海鳥住在懸崖邊緣擁擠的社群裡。他們不築鳥巢，但其蛋形獨特，會以轉圈圈的方式滾動，而不會以直線或弧形滾動。這項特徵讓還沒有誕生的海雀寶寶不至於不小心滾下懸崖，掉到一、兩百公尺下方。

爬蟲類寶寶

Komodo dragon（第90頁）

新生的科莫多龍會爬到樹上，這樣爸媽就沒辦法抓到牠們，把牠們吃掉。在成年科莫多龍的飲食中，科莫多龍寶寶就占了10%。為了避免成為那10%，小科莫多龍幼年時期都在樹上，爸媽就碰不到牠們，這是因為成年科莫多龍太重，無法爬到樹上抓牠們。

New Mexico whiptail lizard（第91頁）

新墨西哥鞭尾蜥只會生下雌性後代。所有的小蜥蜴都和媽媽長得一模一樣。新墨西哥鞭尾蜥採單性生殖，意思是只要複製自己就能生小孩。複製自己還滿酷的，但這意謂著你的小孩將100%遺傳到你的任何基因問題（皮膚很差、過敏、缺乏運動能力等）。美國斯托瓦斯醫學研究所的研究者發現，為了避免發生這個問題，新墨西哥鞭尾蜥出生時的染色體就是正常數量的2倍多。在繁殖後代時，一隻蜥蜴會把牠的染色體和另一組染色體配對，好創造一個稍微比較不一樣的家庭。

Alligator（第92頁）

短吻鱷一出生就有一顆特別長的牙齒。短吻鱷寶寶有一顆蛋牙，用來打破自己的蛋殼。蛋牙其實不是真正的牙齒，而是幾個月大時，嘴部吸收的一塊硬皮膚。如果氣候特別乾燥，蛋殼可能特別

堅硬，短吻鱷寶寶在沒辦法打破蛋殼的狀況下，就會死在蛋裡。

Taipan（第94頁）

太攀蛇的毒液足以讓一個成人致命。但牠的嘴巴小到連一隻老鼠都咬不了。太攀蛇被認為是全世界毒性最強的蛇，牠的毒液足以殺死100個成人，而且太攀蛇寶寶的毒性就和年紀較長的蛇一樣。不過因為牠尖銳的毒牙不是設計來咀嚼的，牠只好把獵物整隻吞進肚子裡。而牠能殺掉的所有獵物對牠來說幾乎都太大了，不適合牠吃。

Sea turtle（第95頁）

剛出生的海龜靠月亮抵達水邊。海龜寶寶獨自孵化，根本看不到可以帶領牠們前往海洋的爸媽，所以牠們會跟隨月亮的反射光。

Turtle（第96頁）

不管是哪種龜，都不會養育幼兒。龜爸媽的工作在生下蛋後就結束了。不論淡水龜或海水龜，都會到陸地上下蛋，把蛋埋起來，然後就永遠離開。龜寶寶會設法打破自己的殼，花幾天的時間用挖洞方式通到地面，然後走進這個世界。

Crocodile（第97頁）

鱷魚媽媽會小心翼翼的把孩子銜在嘴裡。鱷魚是所有動物中咬力最強的，河口鱷咬食物時，力道相當於人類咬力的1.6萬倍。牠們把寶寶銜在嘴裡時當然不會施加這樣的力道。美國佛羅里達州聖奧格斯汀鱷魚農場的生物學家測量過23種鱷魚的咬力，他們哄騙這些鱷魚用力咀嚼力量感應器，以測量鱷魚施加的咬力強度。

兩生動物寶寶

Tadpole（第100頁）
蝌蚪出生時沒有腿。蝌蚪需要約3個半月的時間，才能變成青蛙。

Black alpine salamander（第101頁）
黑真螈只能活10年，但懷孕期長達3年。這些黑真螈的懷孕期在2到3年間，端視牠們生活的海拔高度而定。牠們通常會生2個寶寶。

Darwin's frog（第102頁）
雄達爾文蛙會用嘴巴孵蛋。達爾文蛙的卵一產下，就被蛙爸爸吞進嘴裡。在牠們孵育期間，牠會把40顆卵全部安全的存放在一個聲帶囊裡。

Panamanian golden frog（第103頁）
小巴拿馬金蛙用皮膚上的有毒分泌物來保護自己。因為這些分泌物的毒性會隨著時間愈來愈強，蝌蚪和小青蛙剛來到這個世界不久時，都會躲在安全的地方作白日夢，想著自己最後會變成有毒的這件事會有多棒。

Tiger Salamander（第104頁）
在擁擠環境中長大的虎斑蠑螈會發展出很大的下顎，這樣才能吃掉自己的兄弟姊妹。所有的兩生動物一開始都是一顆卵，然後孵化成幼體，可是虎斑蠑螈有兩種不同的幼體型態：一般型和同類相食型。同類相食型的虎斑蠑螈有較大的頭和較寬的下顎，牙齒是一般型的3倍長。在乾旱期或擁擠的池塘裡，同類相食型的虎斑蠑螈會比較多；如果池塘乾涸，同類相食型的虎斑蠑螈可能是唯一存活下來的，因為牠們會用大到不正常又非常尖銳的牙齒，

吃掉自己的兄弟姊妹，獲得充足的營養。

Surinam toad（第106頁）
負子蟾會吸收牠們的卵埋進背部皮膚裡，直到卵孵化為止。母負子蟾會產下100顆卵，其伴侶會幫忙把這些卵貼附在牠背部黏答答的皮膚上。母負子蟾的背會沿著這些卵鼓脹起來，安全的把卵藏妥，直到孵化並從皮膚爆裂出來為止。

Axolotl（第107頁）
墨西哥鈍口螈永遠不會長大。墨西哥鈍口螈是幼態延續的動物，意思是牠們不必經過變態的過程。牠們即使體型變大，達到成年的大小，還是保有幼體的特徵。對蠑螈來說，墨西哥鈍口螈看起來就像成年體型的寶寶。

Caecilian（第108頁）
小蚓螈會用牙齒在媽媽皮膚上找東西吃。蚓螈媽媽會長出一層厚厚的外皮，而蚓螈寶寶有兩種獨特的牙齒：又短又平的牙齒，以及長長的勾狀齒。牠們會用又短又平的牙齒刮食媽媽營養豐富的皮膚。

昆蟲寶寶和無脊椎動物寶寶

Earwig（第112頁）
蠼螋只照顧聞起來最香的寶寶。新的蠼螋寶寶誕生後，蠼螋爸媽會好好花時間陪伴家裡的新成員，牠們會仔細嗅聞每個寶寶的氣味，用化學信號判斷寶寶有多健康。聞起來最健康的寶寶會被帶到單獨的區域，爸媽會給予較多食物和關注。

Rove beetle（第113頁）

隱翅蟲會混進螞蟻兵團的社群，然後吃掉小螞蟻。就算牠看起來像行軍蟻、聞起來像行軍蟻，而且像行軍蟻一樣參加行軍突襲，仍有可能是悄悄溜進團體中的隱翅蟲，目的是吃掉所有螞蟻寶寶。

Aphid（第114頁）

蚜蟲每20分鐘就可以生出和自己完全一模一樣的一隻。蚜蟲是又小又可愛的昆蟲，住在植物上，吃植物的汁液維生。他們採單性生殖，意思是他們能夠複製自己。他們也是胎生動物，意思是他們會生下幼蟲，而非產卵。既是單性生殖又是胎生的狀態，意謂著蚜蟲繁衍的速度非常驚人。英國動物專家馬克‧卡爾沃汀（Mark Carwardine）在《自然歷史博物館動物紀錄書》（Natural History Museum Book of Animal Records）裡是這樣說的：「在食物不受限又沒有掠食者的一年裡，一隻甘藍蚜蟲理論上可以帶來重達8億2200萬噸的後代，相當於全世界人口的2倍重。地球會被150公里厚的蚜蟲覆蓋。幸運的是，蚜蟲有各式各樣的天敵，比如瓢蟲、草蛉和各種食蟲鳥類，所以死亡率很高。」

Black lace-weaver spider（第115頁）

猛暗蛛孵化後會吃掉自己的媽媽。等到這群100隻小蜘蛛孵化，牠們的媽媽會鼓勵牠們活活吃掉牠。即便這樣，牠們還是飢腸轆轆，接下來大約1個月的時間，這群兄弟姊妹會繼續待在一塊，好一起殺掉比牠們的體型大20倍的獵物。南韓仁川大學的金吉元（Kil Won Kim）博士發現，猛暗蛛寶寶還會在另一種狀況下合作——小蜘蛛們會同時抽動身體，讓蜘蛛網搖動，嚇跑任何可能入侵的掠食者。

Honeybee（第116頁）
蜜蜂出生後做的第一件事，就是打掃自己出生的地方。蜜蜂幼蟲的生命從蜂巢裡一間小小的蜂房開始，長出眼睛、翅膀、腿，以及所有蜜蜂擁有的其他東西。等到長得夠大，牠就會把蜂房咬破一個洞，爬出來，然後立刻開始打掃牠誕生的蜂房。

Golden ringed dragonfly（第117頁）
金環蜻蜓5歲前都在淺水區的地底生活。卵會在溪流裡孵化，在地底下等待蛻皮，直到牠們長得夠大、有辦法離開為止。

Ladybug（第118頁）
瓢蟲卵只不過是又小又無助的小點點。瓢蟲媽媽會在一片葉子上產下一堆卵，這樣小瓢蟲孵化後就可以吃旁邊的蚜蟲。如果蚜蟲不夠也沒關係，小瓢蟲寶寶可以吃掉彼此。一隻母瓢蟲一年通常可以產下高達1000顆卵。

Ladybug（第119頁）
小瓢蟲幼蟲全身長滿了刺。刺刺的幼蟲是黑色的，身上有紅色或橘色的點點，看起來與其說是瓢蟲，其實更像迷你的爬蟲類。牠們會設法吃下愈多蚜蟲愈好。

Ladybug（第120頁）
然後，瓢蟲在變成蛹的階段，會長出一層厚厚的、看似氣泡的皮膚。瓢蟲的蛹會緊貼在葉子上，等待魔法降臨。過了1週左右，牠們的身體就會從幼蟲轉變為成蟲。

Ladybug（第121頁）
瓢蟲4週後就完全長大成熟。新的瓢蟲成蟲是淺黃色的，牠們最

後會變成亮紅色，就和自己的爸媽一樣。

Garden spider（第122頁）

金蛛會把卵產在蜘蛛網上，然後把卵留在那裡。小蜘蛛也許以為牠們不用父母照料就會長大，可是實情相反。金蛛會為孩子們織出一個卵囊，然後用接下來的所有時光保護牠們，甚至放棄離開去為自己找食物的機會。到最後，蜘蛛媽媽會精疲力竭地死去，孩子們則在幾個月後孵化。

Snail（第123頁）

2隻蝸牛交配後，2隻都會懷孕。蝸牛有辦法這樣做，是因為大多數的蝸牛同時擁有雄性與雌性的生殖器官。所有蝸牛都有一個共同目標：創造出更多的蝸牛。這種繁殖法非常有用，因為懷孕的機率也有2倍高，牠們會產下2倍多的蝸牛寶寶，蝸牛也更快能統治世界。

American burying beetle（第124頁）

準備當爸媽的美國埋葬蟲會把巢築在死鳥或死老鼠附近。如果牠們發現的小鳥或老鼠屍體的位置不對，就會仰躺下來，用腿的力量一起推動那隻動物，合力搬運這具屍體。接下來牠們會埋葬屍體，然後在附近產卵，等到幼蟲孵化，這對爸媽正好就有美味的腐屍了。

Octopus（第125頁）

章魚爸媽會抱緊小孩，好幫牠們清潔身體。章魚媽媽是最細心的父母之一，牠們會寸步不離的看顧自己的卵，不進食也不休息。美國蒙特利灣有隻野生章魚曾花費有史以來最長時間守護牠的卵，牠一直為卵搧風，保護牠們長達4年半，完全沒有停下來進

食或休息。等到卵愈來愈大，牠自己也愈來愈虛弱。當這些卵在2011年孵化時，章魚媽媽把卵吹進海中，接著就死了。

Black widow spider（第126頁）
黑寡婦蜘蛛會餵寶寶吃牠們嘴裡的液體。蜘蛛爸媽會做這樣的工作，直到寶寶們長得夠大，有辦法將獵物裹在絲線裡，對獵物注入毒液，然後喝掉牠的內臟為止。

Starfish（第127頁）
小海星無法控制自己要游去哪個方向。海星寶寶的直徑只有0.1公分，肉眼幾乎看不見。

有袋動物寶寶

Koala（第130頁）
剛出生的無尾熊寶寶和雷根糖的大小差不多。無尾熊寶寶又小又無助，完全仰賴媽媽的照顧。無尾熊的育兒袋不像口袋，上方沒有開口，反而是底下有開口，這樣寶寶才可以吃媽媽的排泄物。尤加利葉有毒，小無尾熊沒辦法自己處理，可是等媽媽把樹葉變成柔軟的黏稠物質後，小無尾熊就很容易進食了。

Tasmanian devil（第132頁）
袋獾一次會生50隻左右的寶寶，牠們會在媽媽的育兒袋裡打架，直到只剩下幾隻存活的寶寶為止。新生的袋獾就和一顆小不隆咚的葡萄乾差不多大。雌袋獾會產下30隻寶寶，牠們爬進育兒袋裡，然後發現媽媽只有4個乳頭。只有最凶悍的4隻寶寶能存活下來。

Kangaroo（第133頁）

袋鼠媽媽得將育兒袋裡的大便清出來。袋鼠寶寶生命的第一個階段都躲在媽媽的育兒袋裡。這種狀態對袋鼠寶寶來說很棒，對媽媽可就不一定了，因為牠得定期用舌頭把育兒袋裡的寶寶大便清乾淨。

Echidna（第134頁）

針鼴開始長刺時，媽媽會把牠安置在地洞裡，一週只去探望一、兩次，餵牠吃東西。剛出生的針鼴叫puggle，牠們是從十分錢硬幣大小的卵孵出來，小針鼴的身體甚至有一部分還是透明的。牠們在8週大時開始長刺，那時牠們就會被踢出育兒袋，搬到巢穴居住。

Platypus（第135頁）

鴨嘴獸是少數會下蛋的哺乳動物之一。哺乳動物的身形差異很大，也生活在極度不同的環境中，不過彼此之間還是有一些共通點。牠們都是溫血動物，有脊椎骨和毛髮；牠們會照顧自己的寶寶，還會生下活生生的胎兒。不過，會下蛋的哺乳動物除外。會下蛋的哺乳動物叫做「單孔類動物」，只有5種單孔類動物尚未絕種，包括鴨嘴獸和另外4種針鼴。

South American water opossum（第136頁）

南美水負鼠把寶寶們放在防水育兒袋裡一起游泳。現在袋虎（Tasmanian tiger）已經絕種了，水負鼠就成了唯一一種爸媽都有育兒袋的動物了。雌性水負鼠的育兒袋邊緣內膜布滿肌肉，所以牠有辦法在游泳時束緊育兒袋，讓寶寶們保持安全乾燥，在育兒袋裡呼吸。說不定你已經猜到了，雄性南美水負鼠游泳時，會把牠的外生殖器收進育兒袋裡。

Numbat（第138頁）
袋食蟻獸沒有育兒袋，可是牠們的腹部長了特別的毛髮，可以保護寶寶的安全，並讓牠們保持溫暖。袋食蟻獸是少數沒有育兒袋的有袋動物之一。小袋食蟻獸會攀附在媽媽腹部的毛髮上，等牠們再長大一點，媽媽就會把牠們揹在背上。

Honey possum（第139頁）
蜜袋貂剛出生時，體重比蛋糕上的巧克力碎屑還輕。等到牠們準備好自己去探索世界時，體重就和一片巧克力脆片差不多了。

魚寶寶

Betta fish（第142頁）
鬥魚寶寶由爸爸照顧，因為媽媽會想辦法吃掉牠們。寵物專家指出，鬥魚只會吃掉自己看得到的小孩。所以如果你有辦法把幾隻剛出生的鬥魚藏起來，新手媽媽就不會吃掉全部的新生兒，只會吃掉大部分而已。

Seabream（第143頁）
鯛魚的個性很容易被同類影響。魚類的性格鮮明，不過並非不會改變。葡萄牙的海洋科技中心科學家研究了一群魚類的性格，研究人員先是做了某種性格測驗，判定每隻魚的個性究竟是大膽或害羞。大膽的魚比較可能跳出魚網，害羞的魚則比較可能放棄嘗試，安靜的待著。接著，他們再把魚進行分組，安置到不同的魚缸裡1個月的時間，一個魚缸裡安置的全是害羞的魚，另一個魚缸則全是大膽的魚，還有一個魚缸混合了兩種性格的魚。（研究也提到第四個魚缸的魚，據說這些魚不是真的很害羞或大膽，只好被放在其他地方，於是研究人員把這些魚放在第四個魚缸裡。

別管那些魚吧。）

1個月後，研究團隊再度觀察這些魚。混合魚缸裡的魚好像沒有改變，可是有些在害羞魚缸裡的魚被溫順的魚圍繞1個月後，已經變得比較大膽，準備好要冒險了。而大膽魚缸裡的其中幾隻魚花了1個月時間彼此競爭，反而變得不若以前大膽。研究人員沒辦法確定箇中原因。

Zebra shark（第144頁）

虎鯊會把卵產在海裡，然後就丟下不管了。虎鯊是卵生動物，這個名詞是用來說明牠們會產卵的花俏說法。雌性虎鯊一次可產下多達50顆卵，牠會把卵黏在珊瑚礁或石頭上，然後任其自生自滅。

Discus fish（第145頁）

七彩神仙魚的爸媽會餵小孩吃一種由自己皮膚分泌出的黏液。照顧子女的魚類父母並不多，不過七彩神仙魚寶寶是很幸運的魚寶寶。魚爸媽的全身會分泌一種乳狀黏液，讓小孩可以攝食。科學家認為這種分泌物很像乳汁，因為裡頭富含蛋白質與其他養分，可以幫助魚苗成長。但因為乳汁來自哺乳動物的乳腺，而這種像乳汁的液體是從皮膚分泌出來，並不是真正的乳汁。我想，這種液體姑且可以稱為黏液吧。

Seahorse（第147頁）

只要一波強勁海流，就會把海馬寶寶沖走。在1000隻海馬當中，只有5隻能存活到成年。另外995隻海馬都會被海流捲走，最後沖到開放的海域，遠離海馬的食物，而且不可能得到拍攝牠們安全返家動畫電影的機會。因為很想要安全的留下來，新生的海馬會把自己的小尾巴纏繞在沿海床生長的植物的莖上面，或是緊緊攀

住彼此的尾巴。

Salmon（第148頁）

鮭魚永遠會回到自己出生的地方。鮭魚誕生在活水的溪流間，接著出發去探索大海。在旅行許多年、游過幾千公里後，他們決定自己的見識已經夠多了，於是回到牠們出生的確切地點去產卵。奧勒岡州立大學一個研究團隊最近發現，鮭魚會利用地球磁場記住自己出生的確切地點。不像候鳥會在獨自生活前向父母學習導航的本領，鮭魚沒有經過任何學習，而且只有一次機會踏上正確的旅程。

French angelfish（第149頁）

法國神仙魚從不落單。這些劃分領域的魚居住在珊瑚礁間，永遠成雙成對。

鯨類寶寶和鰭腳類寶寶

Sperm whale（第152頁）

抹香鯨會輪流當保母。抹香鯨爸媽證明了他們有可能兼顧生命裡的不同面向，包括充實的家庭生活與大豐收的獵捕烏賊事業。為了處理好所有事務，鯨魚會形成照顧寶寶的團體，母鯨外出捕獵時，其他成員就會輪流照料小寶寶們。

Manatee（第153頁）

海牛寶寶在水面下從媽媽鰭肢底下的乳頭喝奶。一個乳房長在胳肢窩底下的確很怪，不過也非常實用。新生的海牛寶寶可以挨著媽媽的胳肢窩，如此一來，這對母子就可以一塊兒游泳，流體動力造成的壓力也較小。

Orca（第154頁）

虎鯨寶寶剛出生的幾個月內都不必睡覺。 剛出生的虎鯨並不像其他的動物寶寶那麼渾圓可愛，而且他們身上沒有鯨脂，意思是他們只好不停在水中移動來保持體溫，才能存活下去。

Dolphin（第155頁）

海豚寶寶的牙齒是設計來打架，不是用來咀嚼食物。 這些可愛的水生哺乳動物是不咀嚼食物的；他們會把食物整個吞下去。不過，他們還是有滿嘴的牙齒，用來咬其他的海豚。海豚出生不久就會長出第一顆牙齒，然後一輩子保有他們的牙齒。

Sea lion（第156頁）

海獅寶寶用沙子當防曬油。 和其他動物一樣，海獅也不想被太陽曬傷。

Walrus（第157頁）

小海象會拿死掉的小鳥來玩。 研究者造訪俄羅斯附近楚科奇海域中的一座小島，花了一整個月的時間，在寒冷多雲的天候下，坐在懸崖邊觀察海象的行為。海象的行為不比周圍的環境令人振奮：小海象會找到被天敵遺落或沖上岸的死掉小鳥，用這些死鳥相互拉扯、玩著你丟我撿或拋丟的遊戲。這是研究者首次發現海象會玩任何種類的玩具，雖然他們玩的不是大多數人類會選擇的玩具。

Harp seal（第159頁）

豎琴海豹媽媽能憑氣味從一群小海豹中認出自己的寶寶。 豎琴海豹媽媽有12天的時間什麼也不做，就只是餵食自己的寶寶，希望這樣的食物夠寶寶吃，因為接下來牠就會離開了。

Pilot whale（第160頁）

領航鯨出生時有毛髮，但幾天後就脫落了。哺乳動物都有毛髮，鯨魚當然也不例外。鯨魚的毛髮長在頭頂和吻突上，也就是山羊鬍會長出來的位置。你沒有看過更多有關鯨魚34種最可愛髮型的有趣文章，原因在於齒鯨（領航鯨、抹香鯨、虎鯨、偽虎鯨和海豚等）出生後不久，毛髮就會脫落。

THE
END

是寶貝讓你傷心了嗎？

不管有沒有明天，都要學著撐過今天

圖‧文／布魯珂‧巴克（Brooke Barker）
譯／黃筱茵

編輯／陳懿文
主編／林孜懃
封面設計／謝佳穎
內頁排版／東豪印刷事業有限公司
行銷企劃／鍾曼靈
出版一部總編輯暨總監／王明雪

發行人／王榮文
出版發行／遠流出版事業股份有限公司　臺北市南昌路2段81號6樓
電話：(02)2392-6899　傳真：(02)2392-6658　郵撥：0189456-1
著作權顧問／蕭雄淋律師
□2019年6月1日　初版一刷

定價／新臺幣320元（缺頁或破損的書，請寄回更換）
有著作權‧侵害必究　Printed in Taiwan
ISBN 978-957-32-8566-3
ylib 遠流博識網　http://www.ylib.com　E-mail:ylib@ylib.com

國家圖書館出版品預行編目 (CIP) 資料

是寶貝讓你傷心了嗎？：不管有沒有明天，
　都要學著撐過今天／布魯珂‧巴克
　(Brooke Barker) 圖．文；黃筱茵譯 .-- 初
版 .-- 臺北市：遠流，2019.06
　　面；　公分
　譯自：Sad animal facts: babies and how
　　they're made
　ISBN 978-957-32-8566-3 (平裝)

1. 動物　2. 通俗作品

380　　　　　　　　　　　　108007285